装配式建筑减隔震连接施工指南

王　成　余稚明　著

西南交通大学出版社
·成都·

图书在版编目（ＣＩＰ）数据

装配式建筑减隔震连接施工指南 / 王成，余稚明著.
—成都：西南交通大学出版社，2018.1
ISBN 978-7-5643-5985-0

Ⅰ. ①装… Ⅱ. ①王… ②余… Ⅲ. ①建筑工程 – 装
配式构件 – 减振装置 – 指南 Ⅳ. ①TU352.12-62

中国版本图书馆 CIP 数据核字（2017）第 321105 号

装配式建筑减隔震连接施工指南

王成　余稚明　著

责 任 编 辑	杨　勇
助 理 编 辑	宋一鸣
封 面 设 计	何东琳设计工作室

出 版 发 行	西南交通大学出版社 （四川省成都市二环路北一段 111 号 西南交通大学创新大厦 21 楼）
发 行 部 电 话	028-87600564　028-87600533
邮 政 编 码	610031
网　　址	http://www.xnjdcbs.com
印　　刷	四川煤田地质制图印刷厂
成 品 尺 寸	170 mm × 230 mm
印　　张	4
字　　数	64 千
版　　次	2018 年 1 月第 1 版
印　　次	2018 年 1 月第 1 次
书　　号	ISBN 978-7-5643-5985-0
定　　价	28.00 元

《装配式建筑减隔震连接施工指南》

编撰委员会

主　编：王　成　余稚明

委　员：焦伦杰　宁宏翔　向万军　谭晓晶

　　　　李永春　冯丽云　田昌凤　杨　冕

主　审：刘彦生　潘　文　李昕成

云南省建设投资控股集团有限公司

序　言

近年来，装配式建筑已经成为建筑行业发展的一个方向标，从中央政府层面到地方政府层面，在财政支持、金融支持、税费支持、产业配套、土地保障等方面，都对装配式建筑的发展提供了有力支撑。2016 年国务院办公厅发布了《关于大力发展装配式建筑的指导意见》(国办发〔2016〕71 号)，指出力争用 10 年左右时间，使装配式建筑占新建建筑的比例达到 30%。我国为多地震国家，要大力发展装配式建筑，必须结合国情，加强装配式建筑抗震相关关键技术研究，特别是结合减隔震技术的应用，走出一条有特色的装配式建筑发展道路。

编制组调查统计了目前已完成的减隔震工程项目的实际情况，包括采用的减隔震装置和元器件类型及其连接的尺寸、配筋和构造形式等，完成了设计图纸汇编，最终确定采用橡胶隔震支座、人字形防屈曲支撑、单斜杆防屈曲支撑、软钢剪切阻尼器作为装配式建筑预制混凝土构件标准化连接的减隔震装置，分别编制相应的施工指南，最后汇总为《装配式建筑减隔震连接施工指南》。

全书共分三篇：第一篇介绍装配式建筑与隔震装置之间连接安装的施工工艺；第二篇介绍装配式建筑与减震装置之间连接安装的施工工艺，减震装置选取了人字形防屈曲支撑、单斜杆防屈曲支撑和软钢阻尼器；第三篇介绍施工过程中的安全和环境保护控制要点。

目前，国内尚未见针对装配式建筑减隔震施工方面的书籍，该书的编写填补了这方面的空白，对于规范和指导施工具有一定意义。

由于编制时间匆忙，水平有限，本《指南》还存在不足之处，欢迎大家提出宝贵意见。

编 者

2017 年 12 月

目　录

第一篇　装配式建筑与隔震装置连接安装施工

第二篇　装配式建筑与减震装置连接安装施工

第三篇 安全与环境保护控制要点

第一篇

装配式建筑与隔震装置连接安装施工

1 总　则

1.1　适用范围

本篇内容适用于装配式建筑橡胶隔震支座的连接安装施工。

1.2　编制依据

（1）《叠层橡胶支座隔震技术规程》CECS 126；

（2）《橡胶支座　第 1 部分：隔震橡胶支座试验方法》GB/T 20688.1；

（3）《橡胶支座　第 3 部分：建筑隔震橡胶支座》GB/T 20688.3；

（4）《装配式混凝土结构技术规程》JGJ 1；

（5）《装配式混凝土建筑技术标准》GB/T 51231；

（6）《建筑工程施工质量验收统一标准》GB 50300；

（7）《建筑抗震设计规范》GB 50011；

（8）《工程测量规范》GB 50026；

（9）《混凝土结构工程施工规范》GB 50666；

（10）《建筑施工安全检查标准》JGJ 59；

（11）《施工现场临时用电安全技术规范》JGJ 46；

（12）《建筑施工场界环境噪声排放标准》GB 12523；

（13）《建筑工程叠层橡胶隔震支座施工及验收规范》DBJ 53/T-48。

2　施工准备

2.1　材料检验

检查所有进场橡胶隔震支座的合格证，复核其规格、型号、数量。编制橡胶隔震支座施工方案，并对操作人员进行详细的技术交底。

2.2 机具准备

采用汽车吊或塔吊进行橡胶隔震支座安装，施工前应复核起重设备的起重能力，设备基础固定应坚实可靠。施工中其它相关工器具应一并配齐并保证其处于正常使用状态。

3 施工工艺及流程

3.1 施工流程

施工流程如图 1.3.1 所示。

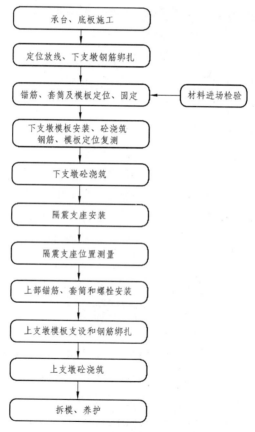

图 1.3.1 隔震支座安装施工流程图

3.2 施工工艺

施工前应对上一道工序进行复核检验，检验合格后方可进入下道工序。

3.2.1 测量定位

为确保隔震支座的位置准确，宜采用经纬仪将隔震支座的平面位置投影在相邻构件上（如图 1.3.2 所示）。

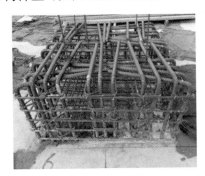

图 1.3.2　隔震支座测量定位

3.2.2 下支墩钢筋绑扎

下支墩的钢筋绑扎及安装，应保证钢筋的规格、数量、间距满足设计要求并应避免预埋锚固钢筋、定位钢筋与其碰撞。

3.2.3 预埋钢板的安装

（1）预埋钢板安装前钢套筒应预先与预埋钢板用普通螺栓拧紧固定，以确保套筒的位置准确。为保证钢套筒的锚固长度，可采用带加工螺纹的预埋锚筋与钢套筒相连（如图 1.3.3 所示）。

（2）为保证预埋钢板的水平度和轴线位置的准确性，可根据实际情况在预埋钢板下表面点焊定位短钢筋并与支墩钢筋相连，以确保预埋钢板不产生位移（如图 1.3.4）。预埋钢板安装过程测量定位是保证隔震支座安装质量的关键，需要各工种密切配合，确保准确定位预埋钢板。定位短钢筋可选用 Φ10 圆钢，与预埋钢板的连接端断面应用切割机切割平整。

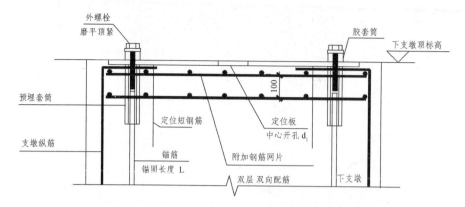

图 1.3.3　预埋套筒及定位预埋板定位示意图

图 1.3.4　预埋套筒及定位预埋板定位

3.2.4　下支墩侧模安装

安装侧模，侧模高度应略高于支墩顶面高度，并应在侧模上标定出下支墩顶面标高的位置，方便浇筑混凝土时控制下支墩标高。侧模的强度、刚度、稳定性须满足浇筑混凝土时的侧压力和施工荷载的要求，模板要拼缝严密。

3.2.5　下支墩混凝土浇筑

浇筑混凝土时，应尽量减少因浇筑混凝土对预埋钢板的影响。在振捣过程中，振捣棒不能触碰定位预埋钢板、定位钢筋、钢套筒，禁止工人踩踏预埋钢板，以防止预埋钢板轴线、标高及平整度产生偏差，影响安装质量。浇筑完毕后，及时对混凝土进行养护（如图 1.3.5 所示）。

6

图 1.3.5　下支墩混凝土浇筑

3.2.6　安装隔震支座

（1）混凝土养护不少于 14 d，当混凝土强度达到设计强度的 75%时即可进行隔震支座的安装。

（2）安装隔震支座前，应先清理干净下支墩的上表面，然后复测下支墩标高、轴线位置、水平度，完毕后先将定位预埋钢板的普通螺栓取下，再根据现场条件采用汽车吊或塔吊将隔震支座吊至下支墩上。吊装隔震支座时注意应轻举轻放，防止损坏支座和下支墩混凝土（如图 1.3.6）。

图 1.3.6　隔震支座安装

（3）为保证隔震支座下连接板孔位与下支墩预埋钢板孔位对正，可利用千斤顶对隔震支座的位置进行微调，孔位对准后安装外连接螺栓。

（4）外连接螺栓安装时严禁用重锤敲打。螺栓的拧紧分初拧、复拧、终拧三步，不应将外螺栓一次紧固到位。

（5）隔震支座安装完成后用全站仪或水准仪复测隔震支座标高及平面位置并记录成表。

3.2.7 上部钢套筒安装

为保证钢套筒的锚固长度，可采用带加工螺纹的预埋锚筋与钢套筒相连，连接好后再用外螺栓将钢套筒连接到隔震支座上，如图 1.3.7 和图 1.3.8 所示。

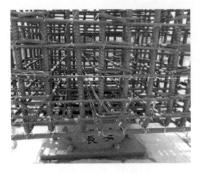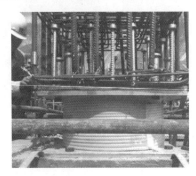

图 1.3.7 安装上支墩钢套筒

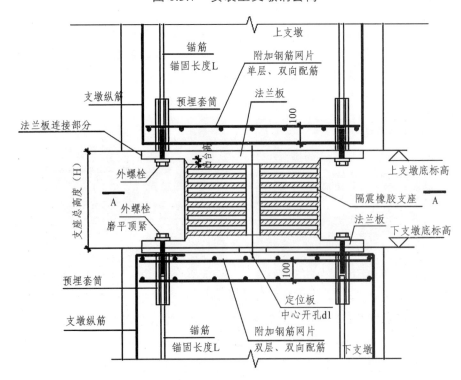

隔震支座连接示意图（单支座）

锚筋在套筒中连接长度不计入锚固长度

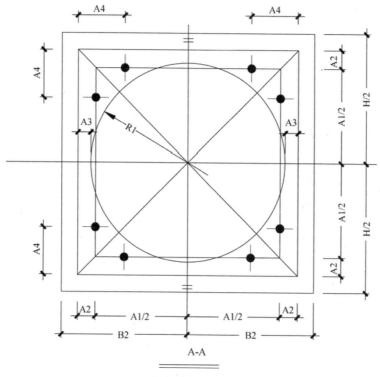

A-A

（a）单支座连接

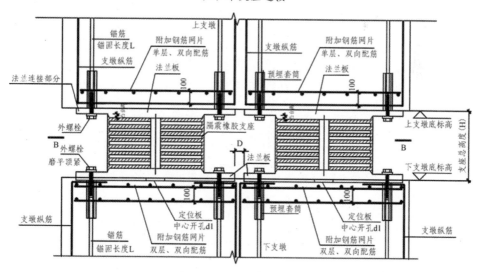

隔震支座连接示意图（双支座）

锚筋在套筒中连接长度不计入锚固长度
D>100mm

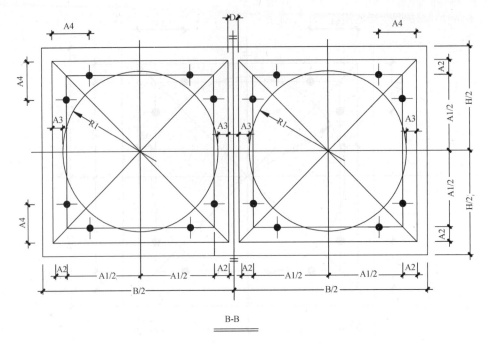

B-B

（b）双支座连接

图 1.3.8　隔震支座连接

3.2.8　上支墩施工

上支墩施工时绑扎上支墩钢筋、支模板、浇筑混凝土、养护工作依次进行。此部分施工做法与下支墩施工时做法相类似，这里不再赘述。

3.2.9　隔震支座上下连接板补漆

由于隔震支座在安装过程和模板支撑、拆除过程中不可避免对隔震支座油漆造成损坏，应待上支墩混凝土施工完毕，模板拆除后，对隔震支座油漆进行修补（如图 1.3.9 所示）。

3.2.10　隐蔽工程验收

上、下支墩混凝土浇筑前，应对隐蔽工程进行验收，对重要工序和关键部位应加强质量检查或进行测试，并做详细的记录，同时留存图像资料（如表 1.3.1 和图 1.3.10 所示）。

图 1.3.9　隔震支座法兰板补漆

表 1.3.1　预埋钢板安装施工记录表

指标		纵向轴线（允许偏差 5 mm）	横向轴线（允许偏差 5 mm）	绝对平整度（允许偏差 3 mm）	竖向标高（允许偏差 5 mm）
支座编号	1				
	2				
	3				
	…	…	…	…	…
工长（签字盖章）			专业工长（签字盖章）		日期：

图 1.3.10　隐蔽工程验收

11

4 质量控制及验收标准

4.1 一般规定

4.1.1 建筑隔震工程施工现场应具有健全的质量管理体系、施工质量检验制度、施工质量评定考核制度和相应的施工技术标准。

4.1.2 建筑隔震工程施工质量验收应按照检验批、分项工程、子分部工程的顺序逐级检查验收。

4.1.3 建筑隔震工程各检验批应按相关规范的规定组织施工，各检验批施工完成后，施工单位应首先进行自检，在自检合格基础上形成检验批验收记录，并报送监理工程师由监理工程师（建设单位技术负责人）组织检查验收，验收合格后在检验批记录上签署验收意见。

4.1.4 建筑隔震子分部工程质量的验收应划分为：隔震支座安装、隔震构（配）件及隔离缝分项工程；检验批的划分应符合《云南省建筑工程施工质量验收统一规程》DBJ 53/T-23 的规定。

4.1.5. 检验批的质量验收应按主控项目和一般项目进行，并有完整的质量控制资料。

4.1.6 检验批质量验收应符合下列要求：

（1）主控项目和一般项目的质量经抽样检验合格。

（2）一般项目检验结果应有 80%及以上检查值符合相关规范质量标准规定，且最大值不应超过其允许偏差值的 1.2 倍。

（3）具有完整的施工操作依据、质量检测记录。

4.1.7 分项工程质量验收应符合下列规定：

（1）分项工程所含检验批施工质量符合验收规范的规定。

（2）分项工程所含检验批的质量验收记录完整。

4.1.8 子分部工程质量验收应符合下列规定：

（1）子分部工程所含分项工程施工质量验收合格。

（2）子分部工程所含分项工程的质量验收记录完整。

（3）性能质量检验和抽样检测结果应符合相关规定。

（4）观感质量验收应符合相关规定。

4.1.9 隐蔽工程在隐蔽前应由施工单位通知相关单位进行验收，并应形成隐蔽工程验收记录。隐蔽工程验收记录应符合《云南省建筑工程资料管理规程》DBJ 53/T-44 的规定，隐蔽工程验收文件应符合《云南省建筑工程施工质量验收统一规程》DBJ 53/T-23 的规定。

4.1.10 参与建筑隔震工程施工质量验收的各方人员应具备相应资格。

4.1.11 建筑隔震工程质量验收不合格时，应按下列规定处理：

（1）经返工重做或更换器具、设备的检验批，应重新进行验收。

（2）经有资质的检测机构检测鉴定能够达到设计规定的检验批，应予以验收。

（3）经有资质的检测机构检测鉴定达不到设计规定，但经原设计单位复核认可，能够满足结构安全和使用功能的检验批，应予以验收。

（4）经返修或加固处理的分项、分子部工程，虽然改变外形尺寸但仍能满足安全和使用要求，可按审定的技术处理方案和协商文件进行验收。

4.1.12 通过返修或加固处理仍不能满足安全使用规定的子分部工程，严禁验收。

4.2 隔震支座

4.2.1 主控项目

隔震支座的种类、规格、数量和性能应符合《建筑工程叠层橡胶隔震支座性能要求和检验规范》DBJ 53/T-47 的规定及设计要求。

抽检数量：全数检查。

检验方法：检查隔震支座制造厂合法性证明文件、隔震支座型式检验报告、出厂检验报告、出厂合格证及第三方检验报告。当设计另有规定时，尚应按设计规定检查相应项目。

4.2.2 一般项目

隔震支座外观质量应符合标表 1.4.1 和表 1.4.2 的规定。

抽检数量：不少于支座总数的 20%，且不少于 5 个支座。

检验方法：尺量检查。

4.3 隔震支座安装

4.3.1 主控项目

预埋板、下支墩、隔震支座顶面的水平度，预埋连接螺栓处、下支墩顶面中心、隔震支座顶面中心的标高均应符合设计规定。

抽检数量：支墩数量不少于总数的20%，且不少于5个。

检验方法：实测检查和隐蔽工程验收记录。

4.3.2 一般项目

（1）预埋件、下支墩、隔震支座平面中心位置应符合设计规定。

抽检数量：支墩数量不少于总数的20%，且不少于5个。

检验方法：实测检查和隐蔽工程验收记录。

（2）法兰板漆面完整性和橡胶保护胶完整性应符合设计规定。

抽检数量：支座数量不少于总数的20%，且不少于5个。

检验方法：实测检查、检查测量记录和隐蔽工程验收记录。

4.4 隔震层构（配）件及隔离缝施工

4.4.1 主控项目

（1）配管、配线在穿越隔离缝处的构造应符合设计要求。设计无要求时，隔离缝处可采用挠曲或柔性接头等构造措施，使管线、线槽在隔离缝处的自由错动量不应小于设计要求。

抽检数量：支座数量不少于总数的20%，且不少于5个。

检验方法：实测检查、检查测量记录和隐蔽工程验收记录。

（2）当利用构件钢筋作防雷接地引下线时，在隔离缝处应采用柔性导线连接，并应对该处的隔震支座进行专门的防火处理。

抽检数量：支座数量不少于总数的20%，且不少于5个。

检验方法：实测检查、检查测量记录和隐蔽工程验收记录。

（3）有毒、有害、易燃、易爆等介质管道穿越隔离缝的构造，应严格安设计要求进行施工。

抽检数量：全数检验。

检验方：观察和实测检查。

（4）穿过隔震层的竖向通道，包括楼梯、电梯、管井等在隔离缝处的构造应符合设计要求，水平缝隙宜采用柔性材料填充。

抽检数量：全数检验。

检验方法：观察和实测检查。

（5）当门厅入口、室外踏步、室内楼梯节点、地下室坡道、车道入口、楼梯扶手等与隔离缝相邻时，其构造应符合设计要求。

抽检数量：全数检验。

检验方法：观察和实测检查。

4.5 观感质量

4.5.1 隔震层的观感质量应由验收人员通过现场检查，并应共同确认。观感质量宜根据下列内容评定：

（1）隔震橡胶支座不应出现侧鼓、破损、锈蚀，且不应出现较大水平位移。

（2）隔震橡胶支座表面出现破损，在不影响使用性能时，应及时修复。当影响到使用性能时，应及时更换。

4.6 隔震施工控制

4.6.1 模板宜采用轻质、高强、耐用的材料。接触混凝土的模板表面应平整，并应具有良好的耐磨性和硬度。

4.6.2 模板应按图加工、制作，制作安装时，面板拼缝应严密。安装模板时，应进行测量放线，并应采取保证模板位置准确的定位措施。模板的强度、刚度、稳定性应满足要求。

4.6.3 支座安装应在混凝土强度至少达到设计强度75%后进行。

4.6.4 钢筋进场时，应检查钢筋的质量证明文件及检验报告，除对其外观质量检查外还应抽样检验钢筋的屈服强度、抗拉强度、伸长率和重量偏差。

4.6.5 钢筋加工后，应检查尺寸偏差。钢筋安装后应检查品种、级别、规格、数量、位置和保护层厚度，确保其符合设计要求。

4.6.6 混凝土强度、坍落度、凝结时间等参数应满足要求。混凝土浇筑入模温度不应低于 5 ℃，且不应高于 35 ℃。

4.6.7 混凝土浇筑前必须进行定位复测，复测内容包括预埋件标高及平面位置。混凝土浇筑时，施工人员不能站在定位预埋钢板上，以免钢板变形定位不准确，导致隔震支座无法安装；振捣过程中，振捣棒不应碰到预埋件及钢筋，以避免预埋件和钢筋发生移位，导致隔震支座安装位置不准确。

4.6.8 安装隔震装置前应对工程所用类型和规格的隔震装置依据《隔震橡胶支座试验方法》GB/T 20688.1,《建筑隔震橡胶支座》GB/T 20688.3 进行抽样检测。检查包含力学性能检查和外观检查，力学性能检查应满足相关规范要求，隔震支座外观质量要求见表 1.4.1 ~ 表 1.4.5。

表 1.4.1　隔震支座进场外观质量检查表

缺陷名称	质量指标
气泡	单个表面气泡面积不超过 50 mm²
杂质	杂质面积不超过 30 mm²
缺胶	缺胶面积不超过 150 mm²，不得多于 2 处，且内部嵌件不许外露
凹凸不平	凹凸不超过 2 mm，面积不超过 50 mm²，且不多于 3 处
钢胶粘结不牢（上、下端面）	裂纹长度不超过 30 mm，深度不超过 3 mm，且不得多于 3 处
裂纹（侧面）	不允许
钢板外露（侧面）	不允许

表 1.4.2　隔震支座外形尺寸允许偏差表

项次	检查项目		允许偏差/mm	检验方法
1	规格尺寸	D'、a' 和 $b' \leqslant 500$ mm	5	尺量
		500 mm$< D'$、a' 和 $b' \leqslant 1500$ mm	1%	
		1500 mm$< D'$、a' 和 b'	15	
2	支座高度		±1.5%，±6 二者较小者	
3	平整度		±0.25%	
4	水平偏移		5	

注：D'、a' 和 b' 分别表示为圆形支座包括保护层厚度的直径，矩形支座包括保护层厚度的长边长度，矩形支座包括保护层厚度的短边长度。

表 1.4.3 隔震支座连接板直径和边长允许偏差表 （单位：mm）

连接板厚度 t	D（或 L）<1000	1000≤D（或 L）≤3150	3150<D（或 L）<6000
6<t≤27	±2.0	±2.5	±3.0
27<t≤50	±2.5	±3.0	±3.5
50<t≤100	±3.5	±4.0	±4.5

表 1.4.4 隔震支座连接板厚度允许偏差表 （单位：mm）

连接板厚度 t	D（或 L）<1600	1600≤D（或 L）<2000
16<t≤25	±0.65	±0.75
25<t≤40	±0.70	±0.80
40<t≤63	±0.80	±0.95
63<t≤100	±0.9	±1.1

表 1.4.5 隔震支座连接板螺栓孔位置允许偏差表

D（或 L）/mm	允许偏差/mm
400<D（或 L）≤1000	±0.8
1000<D（或 L）≤2000	±1.2
2000<D（或 L）	±2.0

4.6.9 下预埋钢板的各项指标允许偏差见表（见表 1.4.6）。

表 1.4.6 下预埋钢板的各项指标允许偏差

项 目	允许偏差/mm	检查并校正工具
轴线位置	5	细白线绳结合小钢尺、锤子
绝对平整度	3	精密水平尺、楔形塞尺
相对平整度	5	精密水准仪、塔尺
竖向标高	5	精密水准仪、塔尺

4.6.10 为防止隔震支座受到破坏，上部结构施工时，模板支撑不得架设于隔震支座上并应采取有效的保护措施。

4.6.11 高强螺栓连接应对称、分阶段拧紧，并进行防腐处理。

4.7 质量验收标准

支座安装完成后应进行质量验收，隔震支座安装工程质量验收应符合相关规范要求，并做好验收记录。见表 1.4.7。

表 1.4.7　隔震支座安装工程质量验收记录

工程名称			检验部位		建设监理单位验收意见
施工单位			项目经理		
设计要求或施工质量验收规范规定			施工单位检查记录		
主控项目	1	支座的种类、规格、数量和性能应符合设计、规范要求			
	2 水平度	预埋板顶面水平误差≤5‰			
		支座安装前，下支墩顶面水平度偏差≤5‰			
		支座安装后，支座顶面水平度偏差≤8‰			
	3 标高	预埋连接螺栓处的顶面标高偏差≤5 mm			
		支座安装前，下支墩顶面中心标高偏差≤5 mm			
		支座安装后，支座顶面中心标高偏差≤5 mm			
一般项目	1	支座外观质量应满足表 1.4.1 要求			
	2 支座产品尺寸允许偏差应满足表 4.2 要求	D'、a' 和 b'≤500 mm	5		
		500 mm<D'、a' 和 b'≤1500 mm	1%		
		1 500 mm<D'、a' 和 b'	15		
		H	±1.5%，±6 二者较小者		
	3 平面中心位置	预埋件平面中心位置≤5 mm			
		支座安装前，下支墩平面中心位置≤5 mm			
		支座安装后，支座平面中心位置≤5 mm			
	4	法兰板漆面完整			
	5	隔震橡胶支座保护胶完整			

18

施工单位检查结果	施工班组长： 专业施工员： 专职质检员： 年 月 日	监理（建设）单位验收结论	专业监理工程师（建设单位项目专业技术负责人）： 年 月 日

（表头）主控项目：_____：一般项目：_____：共抽查____点，合格：_____，合格率：_____%。

4.8 隔震建筑竣工验收

4.8.1 隔震建筑的验收除应符合国家和云南省现行有关施工及验收规范规定外，尚应提交下列文件：

（1）隔震支座及预埋件供货企业的合法性证明。

（2）隔震支座及预埋件出厂合格证书。

（3）隔震支座及预埋件出厂检验报告。

（4）隔震层子分部工程施工验收记录。

（5）隐蔽工程验收记录。

（6）隔震支座及其连接件的施工安装记录。

（7）隔震结构施工全过程中隔震支座竖向压缩变形、上下法兰板水平位移差、隔震支座不均匀变形观测记录。

（8）隔震建筑施工安装记录。

（9）含上部结构与周围固定物脱开距离的检查记录。

第二篇

装配式建筑与减震装置连接安装施工

1 总 则

1.1 适用范围

本篇内容适用于装配式建筑与人字形防屈曲支撑、单斜杆防屈曲支撑和软钢阻尼器连接的施工。

1.2 编制依据

（1）《建筑工程施工质量验收统一标准》GB 50300；

（2）《装配式混凝土结构技术规程》JGJ 1；

（3）《装配式混凝土建筑技术标准》GB/T 51231；

（4）《混凝土结构工程施工质量验收规范》GB 50204；

（5）《建筑消能减震技术规程》JGJ 297；

（6）《建筑抗震设计规范》GB 50011；

（7）《工程测量规范》GB 50026；

（8）《钢结构工程施工质量验收规范》GB 50205；

（9）《建筑钢结构焊接技术规程》JGJ 81；

（10）《建筑变形测量规范》JGJ 8；

（11）《混凝土结构后锚固技术规程》JGJ 145；

（12）《建筑消能阻尼器》JG/T 209；

（13）《钢结构高强度螺栓连接技术规程》JGJ 82；

（14）《建筑施工高处作业安全技术规范》JGJ 80；

（15）《建筑机械使用安全技术规程》JGJ 33；

（16）《建筑施工安全检查标准》JGJ 59；

（17）《施工现场临时用电安全技术规范》JGJ 46；

（18）《建筑施工场界噪声限值》GB 12523。

2 施工准备

2.1 材料进场检验

2.1.1 消能器进场验收时，应具有产品检验报告。消能器类型、规格、尺寸偏差和性能参数,应符合设计文件和现行行业标准《建筑消能阻尼器》JG/T 209 的规定。

2.1.2 消能器所用的钢材、焊接材料、紧固件和涂料，应具备质量合格证书，并应符合设计文件规定。

2.1.3 消能器或连接件等附属支承构件的制作单位应提供原材料、产品的质量合格证明书。

2.1.4 监理单位、建设单位应对消能器检验结果进行确认，并签发确认单。

2.1.5 消能器进场抽检数量为同一工程同一类型同一规格数量的 3%。当同一类型同一规格的阻尼器产品数量较少时，可以在同一类型阻尼器中抽检总数量的 3%，但不应少于 2 个，检验合格率应为 100%，被抽检产品（除黏滞阻尼器外）检测后不得用于主体结构。

检测的指标主要有：屈服承载力、最大承载力、屈服位移、极限位移、弹性刚度、第 2 刚度、滞回曲线。

2.2 技术准备

2.2.1 根据施工图纸（已会审）及标准规范，编制施工方案并经监理单位批准。

2.2.2 根据现场条件，完成工程测量控制点、轴线、控制线的定位、移交、复核工作；安装前进行现场尺寸复核，如果发现与图纸有出入，及时反映并作出调整。

2.2.3 阻尼器进场前应提前组织好卸车吊运设备和人力，确定行车路线。

2.2.4 核对清单，并检查阻尼器实际尺寸，阻尼器吊运过程中要有专业人员现场指挥，操作工人要做好安全防护措施。

2.2.5 根据安装需要，挑选具备相应资格、责任心强、素质高、技术好、经验丰富的施工队伍。

2.2.6 应在施工前检验安装设备性能，确保施工进度及质量。

2.2.7 对工人进行安全技术交底，规范施工。

2.3 机具准备

机具设备准备如表 2.2.1 所示。

表 2.2.1 设备需用表

序号	设备名称	设备型号	单位	数量	用途
1	塔吊	D1100-63	台	3	垂直运输
2	施工电梯	SC200/200	台	3	垂直运输
3	推车		台	6	水平运输
4	电动葫芦	3T	台	2	吊装
5	叉车	3T	台	2	搬运
6	全站仪	NTS-325	台	1	定位测量
7	水准仪	DS2		2	水平测量
8	焊机	BX1		1	临时焊接
9	扳手			5	螺栓紧固
10	空压机	BLT-100A		2	加压

3 人字形防屈曲支撑施工工艺及要点

3.1 施工流程

施工流程如图 2.3.1 所示。

3.2 施工工艺

在装配式建筑结构中设置防屈曲支撑，通过防屈曲支撑的弹塑性变形提供附加阻尼，从而消耗输入上部结构的地震能量。施工时，需要先在混凝土预制构件内预埋钢板和内丝套筒，现场安装时将防屈曲支撑用螺栓与埋件连接，使其在主体结构进入非弹性状态前先进入滞回耗能状态，以消耗掉输入结构的地震能量，减轻主体结构的破坏，从而有效地保护主体结构。

人字形防屈曲支撑如图 2.3.2 所示。

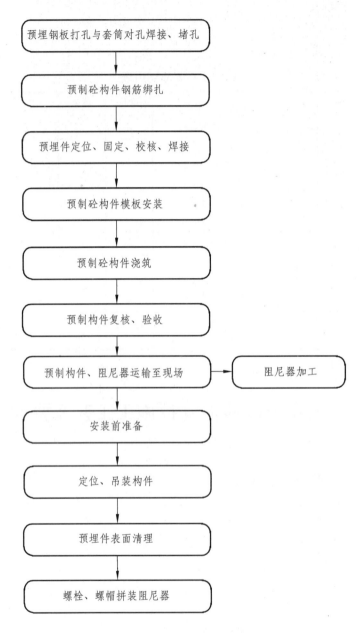

图 2.3.1　装配式建筑减震阻尼器安装施工流程图

图 2.3.2　人字形防屈曲支撑

3.2.1　防屈曲支撑安装前，准备工作应包括下列内容：

（1）对防屈曲支撑的定位轴线、标高点等进行复查。

（2）防屈曲支撑的运输进场、存储及保管应符合制作单位提供的施工操作说明和国家现行有关标准的规定。

（3）按照防屈曲支撑制作单位提供的施工操作说明书的要求，核查安装方法和步骤。

（4）对防屈曲支撑的制作质量进行全面复查。

（5）防屈曲支撑安装的吊装就位、测量校正应符合设计文件的要求。

3.2.2　消能减震结构的施工安装顺序制定，应符合下列规定：

（1）合理划分结构的施工流水段。

（2）确定结构的防屈曲支撑及主体结构构件的总体施工顺序，并编制总体施工安装顺序表。

（3）确定同一部位各防屈曲支撑及主体结构构件的局部安装顺序，并编制安装顺序表。

3.2.3　人字形防屈曲支撑安装如图 2.3.3 所示。

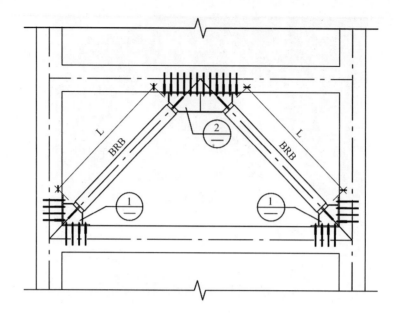

（a）人字形防屈曲支撑连接图

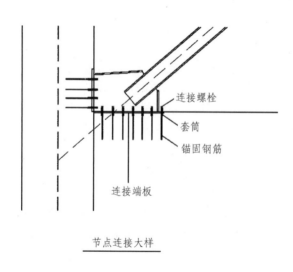

连接螺栓

套筒

锚固钢筋

连接端板

节点连接大样

（b）防屈曲支撑连接节点大样

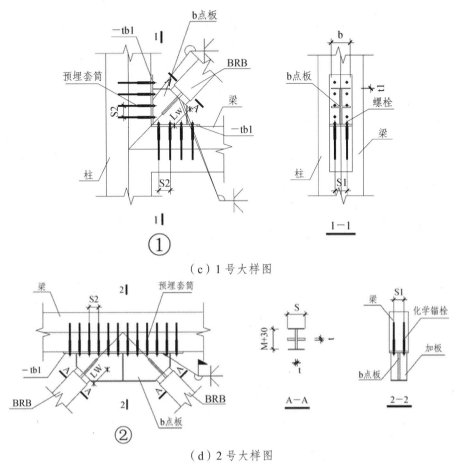

（c）1号大样图

（d）2号大样图

图 2.3.3　人字形防屈曲支撑安装图

3.3　操作要点

3.3.1　预埋件

由于预埋件是连同主体结构预制时施工，为保证预埋件及内丝套筒定位准确，避免在防屈曲支撑安装时出现预埋件不符合安装要求的情况出现，本文仅对重要工序进行描述。

（1）预埋钢板打孔与内丝套筒对孔焊接、堵孔。预埋在砼内的钢板和焊接在防屈曲支撑上的钢板同时叠合打孔，在内丝套筒尾部焊接满足一个锚固长度的预埋钢筋，将内丝套筒与预埋钢板上的孔洞对中紧密，焊接牢固，将预埋件上的孔洞用木塞子进行封堵。

（2）预制砼构件钢筋绑扎。绑扎前先对材料进行校对，确定无误后再进行施工，准备好砼保护层垫块，清除底模内杂物，并用清水清洗干净但不得有积水，然后弹线定位钢筋位置，最后按从下到上依次绑扎钢筋。

（3）预埋件定位、固定、校核、焊接。预制构件钢筋绑扎完成后，采用行车吊运预埋件放置到准确位置；采用同等规格和级别的钢筋将预埋件锚固钢筋与预制构件钢筋进行焊接固定，防止预埋件发生移位；焊接完成后，再次校核预埋件位置，重点在于验证预埋件的中心位置不偏移或偏移量在 5 mm 内，同时还应验证预埋件的水平偏差，无误后进行混凝土浇筑。

（4）预制砼构件模板安装。底模于钢筋绑扎前先安装，侧模于钢筋绑扎完成后再安装，安装前用空压机将底模清理干净，侧模刷油性脱模剂。接缝拼装严密，在底板上根据放线尺寸贴海绵条，防止根部出现漏浆现象，做到平整、准确、粘接牢固。

（5）预制砼构件浇筑。混凝土浇筑前，向模板内浇水湿润，同时检查漏水情况，对缝隙过大的部位进行修补但不应有积水，浇筑混凝土时注意保护钢筋，避免钢筋骨架发生变形或位移。混凝土浇筑后必须振捣密实，振捣棒要快插慢拔，上下略为抽动，以使上下振捣均匀，不得振模振筋，不得碰撞各种预埋件。

（6）预制构件复核。混凝土浇筑完成模板拆除后，对预制构件的尺寸进行复核，检查强度及尺寸偏差，不满足质量要求的不得用于施工现场。

3.3.2 防屈曲支撑运输

（1）构件运输与贮存时，不同类型、规格的产品分别堆放，不应混杂。构件储存应注意通风，宜存放在有屋顶的地方，必要时加盖彩条布，以防雨淋和沙尘污染。

（2）防屈曲支撑装卸时，采用自备吊环。

（3）构件装卸可采用塔吊，当使用轻型手推车时必须注意采取措施以防止构件滚落，同时防止车上的构件彼此碰撞；现场空间有限时可采用辊子，不得在地上拖构件，避免损坏组件，引起壳体腐蚀与变形。

3.3.3 安装施工

（1）安装前准备工作。将预埋钢板上的混凝土浆及锈斑等杂物清理干净，并进行适当打磨，保证预埋件表面平整。测量防屈曲支撑现场安装控制尺寸，确保防屈曲支撑安装孔洞与预埋件预留孔洞一一对应，误差控制在 2 mm 以内。由加工厂根据现场实际长度在试验机上调整好防屈曲支撑总长度并进行编号，施工时，先测量出防屈曲支撑安装位置的实际尺寸，由生产厂家根据现场测量情况预先调整防屈曲支撑长度。

（2）定位、吊装预制构件。根据图纸定位要求，在清理好的预埋件上，采用全站仪定出水平中心线，水平仪定出标高线，根据中心线、标高线及边线，然后采用定向葫芦把防屈曲支撑安装到位。

（3）预埋件表面清理。预制构件吊装完成后将预埋钢板表面的杂物清理干净，主要是混凝土浮浆和铁锈，采用铁铲和砂纸进行清除，保证钢板表面平整，与防屈曲支撑连接牢固。

（4）螺栓、螺帽拼装防屈曲支撑。防屈曲支撑与预埋钢板孔洞对齐后，在内丝套筒内插入螺栓，螺栓端头用螺帽连接紧密，螺帽拧紧力矩满足表 2.3.1 要求。

表 2.3.1　螺帽拧紧力矩值

螺栓直径/mm	8	10	12	14	16	18	20	22	24	27	30	33	36
拧紧力矩值/N·m	22	45	78	124	193	264	376	512	651	952	1693	1759	2259

注：以上表格中的螺帽拧紧力矩值为最小取值。

（5）防腐、防锈处理。防屈曲支撑安装完后应对预埋板外漏部位以及防屈曲支撑涂层破坏处进行防腐、防锈处理。

（6）变形监测。安装完成后设变形观测点，进行原始安装位置的观测，建立原始的观测数据，建筑物竣工验收后交建设单位继续观测，第 1 年每 3 个月观测 1 次，以后每半年观测 1 次，直至主体结构沉降稳定为止，若发现异常，及时通知相关单位。大风天气或震后及时观测变形情况，及时修复或更换防屈曲支撑。

3.4　成品保护

3.4.1　构件所使用的预埋件及连接钢板等材料进场后应有必要的防雨、防暴晒覆盖措施；

3.4.2　安装完成后应采取覆盖保护措施，完工后拆除；

3.4.3　连接螺栓必须使用塑料布进行包裹，防止沾污。

4 单斜杆防屈曲支撑施工工艺及要点

4.1 施工流程

施工流程如图 2.4.1 所示。

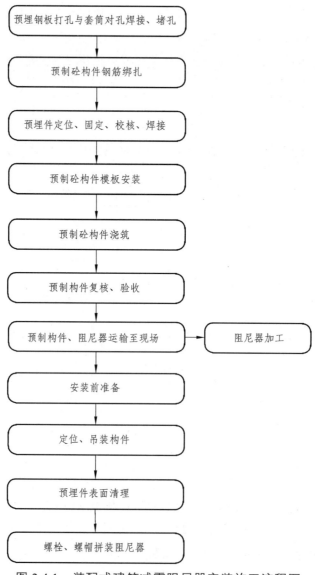

图 2.4.1 装配式建筑减震阻尼器安装施工流程图

4.2　施工工艺

同人字形防屈曲支撑安装一样，单斜杆防屈曲支撑安装施工时，也需要先在预制混凝土构件内预埋钢筋和内丝套筒，防屈曲支撑用螺栓与预埋件连接，使其在主体结构进入非弹性状态前先进入滞回耗能状态，以消耗掉输入结构的地震能量，减轻主体结构的破坏，从而有效地保护主体结构。

单斜杆防屈曲支撑安装如图 2.4.2 所示。

图 2.4.2　单斜杆屈曲约束支撑

4.2.1　施工前准备工作

（1）技术准备。

（2）安装人员准备。

（3）运输机具、吊装机具、安装机具准备。

（4）临时吊点准备。

4.2.2　施工前检查

防屈曲支撑安装前应对支撑连接的上下梁柱节点进行位置检查，主要检查内容包括节点与施工图的偏位，以及节点板在施工过程中出现的平面偏移。平面偏移不得超过节点处最厚板板厚的 1/3，当超过上述偏差时，应采取相应的措施予以纠正。矫正后方可开始支撑的安装。

4.2.3 运输要求

（1）垂直运输可采用塔吊或汽车吊。

（2）垂直运输必须将构件上所有吊耳捆扎牢固，严禁单点起吊。

（3）水平运输设备可采用钢管、钢滚轮小车及其它可运输设备。

4.2.4 临时固定与校正

支撑就位后，应采取有效措施进行临时固定。对支撑临时固定后，应对支撑位置进行调整与纠正。

4.2.5 单斜杆防屈曲支撑安装

单斜杆防屈曲支撑安装如图 2.4.3 所示。

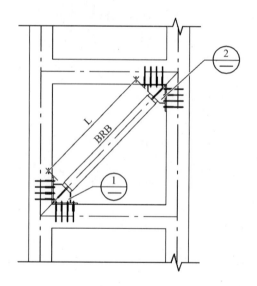

（a）单斜杆防屈曲支撑连接图

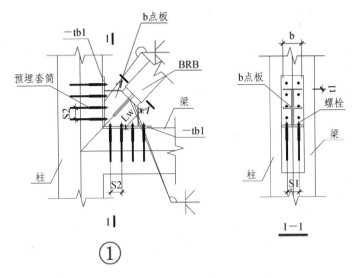

（b）1号大样图

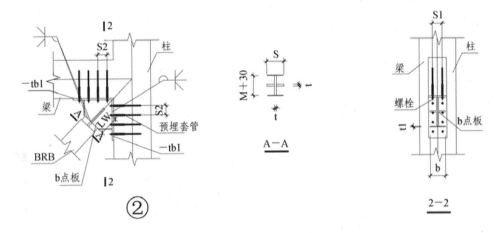

（c）2号大样图

图 2.4.3　单斜杆防屈曲支撑安装图

4.3　操作要点

4.3.1　预埋件

预埋件现场施工时，主要顺序为：现场标记预埋件放置位置→预埋件吊运

35

→预埋件放置到位→预埋件固定。

安装要点：① 预埋件安装时应先根据深化图纸标记预埋件安装位置，预埋件腹板与节点板对齐，预埋件在同一平面内；② 预埋件现场采用塔吊或汽车吊吊运，放置到位后再进行钢筋绑扎，并做好临时固定措施，防止预埋件发生移位；钢筋绑扎完后，再次复核预埋件位置，无误后进行混凝土浇筑；③ 混凝土浇筑时，预埋件位置处应振捣密实，可配合使用铁钎捣实，振捣时不要碰到预埋件；④ 根据现场需求，可在预埋件上开排气口，保证振捣密实。

4.3.2　节点板安装

节点板现场施工顺序为：场标记节点板放置位置→节点板吊运→节点板临时固定→纠正→节点板最终固定。

施工要点：① 应严格按照深化图纸的定位尺寸焊接节点板，使节点板平面内及平面外的偏差在允许范围内，保证防屈曲支撑的安装长度和安装垂直度；② 节点板吊运设备为葫芦吊，根据单个节点板最大自重选定葫芦吊型号；③ 节点板吊运到位后，采用点焊或者加劲板等方法临时固定；④ 校正节点板位置，无误后进行焊接固定。

4.3.3　防屈曲支撑运输与吊装

（1）运输至现场后，支撑堆放区应干净平整，并垫上软木枋，堆放区层数不得超过四层，对方方式采用重叠交叉井字形堆放，每层防屈曲支撑之间垫软木枋。

（2）支撑运输分为垂直运输和水平运输，垂直运输可采用塔吊运输、汽车吊运输、葫芦吊和卷扬机等运输，水平运输可采用自制小推车运输、钢滚轮小车运输，禁止用钢管或撬杠运输，以免损伤构件。

（3）支撑安装前应对与支撑连接的上下梁柱节点板进行校核，校核内容包括节点板与施工图的偏位以及节点板在安装过程中出现的平面外偏移，偏移应满足表 2.4.1 的要求。

（4）当节点偏移量超过允许偏移量控制范围时，应采取相应的措施予以纠偏、矫正后方可开始支撑的安装。

表 2.4.1　防屈曲支撑节点偏移量允许范围

节点板厚 t/mm	上下节点板净距偏差 a/mm	上下节点平面外偏差 b/mm
$t<20$	±3	±5
$20 \leqslant t \leqslant 50$	±3	±5
$50<t$	±5	±10

4.3.4　临时固定

临时固定可采用焊接钢片法和螺栓安装法。

4.3.5　连接节点检测

支撑与结构连接节点需进行检测，包括

（1）连接焊接的检测：对焊缝进行探伤检查，并且应达到规范要求。

（2）高强螺栓连接的检测：标记好初拧及终拧完毕的螺栓，当天安装的高强螺栓应终拧完毕，防止漏拧。

（3）销轴连接的检测：检查销轴与连接板以及销轴与孔壁之间的间隙是否满足设计要求，检查紧固螺丝是否拧紧。

4.3.6　防腐防火涂装

防腐要求参见《钢结构工程施工质量验收规范》GB 50205 中的有关规定。支撑应根据约束机制的不同，设计具有不同的防护要求。

5　软钢阻尼器施工工艺及要点

5.1　施工流程

施工流程如图 2.5.1 所示。

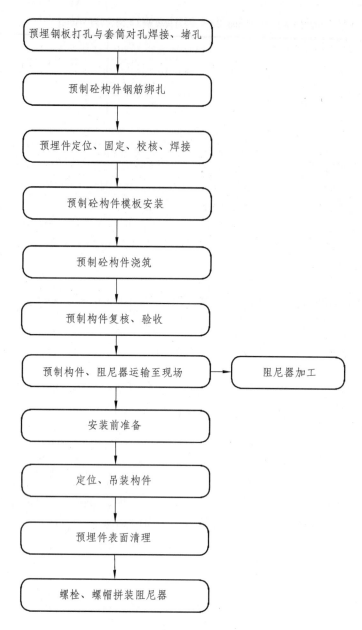

图 2.5.1　装配式建筑减震阻尼器安装施工流程图

5.2　施工工艺

软钢阻尼器主要是利用金属本身的剪切、弯曲等变形行为使之进入弹塑性屈服状态产生滞回耗能，消耗地震输入的能量，减小结构的地震反应，减轻结构的损伤，达到减震的目的。

装配式建筑连接软钢阻尼器，同样需要在预制混凝土构件内预埋钢板和内丝套筒，现场安装时将软钢阻尼器元件用螺栓与埋件连接。

软钢阻尼器如图 2.5.2 所示。

图 2.5.2　软钢阻尼器

5.2.1　软钢阻尼器部件安装前，准备工作应包括下列内容：

（1）软钢阻尼器的定位轴线、标高点等应进行复查。

（2）软钢阻尼器的运输进场、存储及保管应符合制作单位提供的施工操作说明书和国家现行有关标准的规定。

（3）按照消能器制作单位提供的施工操作说明书的要求，应核查安装方法和步骤。

（4）对软钢阻尼器的制作质量应进行全面复查。

（5）软钢阻尼器安装的吊装就位、测量校正应符合设计文件的要求。

5.2.2　消能减震结构的施工安装顺序制定，应符合下列规定：

（1）划分结构的施工流水段。

（2）确定结构的软钢阻尼器及主体结构构件的总体施工顺序，并编制总体施工安装顺序表。

（3）确定同一部位各消能部件及主体结构构件的局部安装顺序，并编制安装顺序表。

5.2.3　软钢阻尼器安装如图 2.5.3 所示。

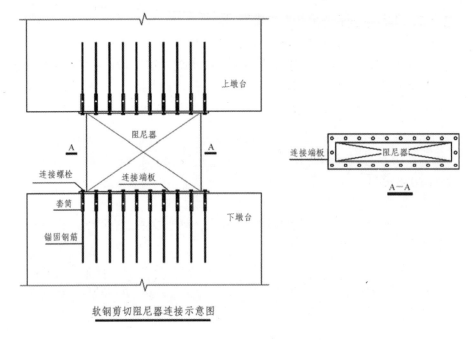

软钢剪切阻尼器连接示意图

图 2.5.3   软钢剪切阻尼器连接示意图

5.3   操作要点

5.3.1   预埋件

（1）根据图纸确认并标记预埋件预埋位置，包括沿水平方向的位置和竖向放线的位置，保证上下预埋件中心在同一平面内。

（2）预埋件及箍筋放置到位后，应做好临时固定措施，避免后续施工发生位移。

（3）预埋件定位、固定、校核、焊接。预制构件钢筋绑扎完成后，采用行车吊运预埋件放置到准确位置；采用钢筋将预埋件锚固钢筋与预制钢筋进行焊接固定，防止预埋件发生移位；焊接完成后，再次校核预埋件位置，重点在于验证预埋件的中心位置不偏移或偏移量在 5 mm 内，同时还应验证预埋件的水平偏差，无误后进行混凝土浇筑。

（4）预制构件复核。混凝土浇筑完成模板拆除后，随预制构件的尺寸进行复核，检查强度及尺寸偏差，不满足质量要求的不得用于现场施工。

5.3.2 软钢阻尼器运输

（1）构件运输与贮存时，不同类型、规格的产品分别堆放，不应混杂。构件储存应加盖彩布条，以防雨淋或沙尘污染。

（2）构件装卸可采用塔吊或汽车吊，不得在地上拖拽构件，避免损坏组件，引起壳体腐蚀与变形。

5.3.3 安装施工

（1）安装前准备工作。测量控制软钢阻尼器现场安装控制尺寸，确保软钢阻尼器安装孔洞与预埋件预留孔洞精准对位。

（2）定位、吊装预制构件。根据图纸定位要求，在清理好的预埋件上，采用全站仪定出水平中心线，水平仪定出标高线，根据中心线、标高线及边线。然后采用定向葫芦吊把软钢阻尼器安装到位。

（3）混凝土浇筑要振捣密实，振捣过程中严禁振捣棒碰触预埋筋钢筋。

（4）螺栓、螺帽拼装软钢阻尼器。软钢阻尼器与预埋钢板孔洞对齐后，在内丝套筒内插入螺栓，螺栓端头用螺帽连接紧密，螺帽拧紧力矩满足表2.5.1要求。

（5）防腐、防锈处理。软钢阻尼器安装完成后应对预埋板外漏部位以及软钢阻尼器涂层破坏处进行防腐、防锈处理。

表 2.5.1　螺帽拧紧力矩值

螺栓直径/mm	8	10	12	14	16	18	20	22	24	27	30	33	36
拧紧力矩值/N·m	22	45	78	124	193	264	376	512	651	952	1693	1759	2259

注：以上表格中的螺帽拧紧力矩值为最小取值。

6　质量控制及验收标准

6.1　一般规定

6.1.1　消能部件工程应作为主体结构分部工程的一个子分部工程进行施工

和质量验收。消能减震结构的消能部件工程也可划分若干个子分部工程。

6.1.2 消能部件子分部工程的施工作业，宜划分为四个阶段：消能器进场验收、消能部件施工、消能器安装、消能器防护。

6.1.3 消能器进场验收时，应提供下列资料：

（1）产品合格证。

（2）监理单位（建设单位）对消能器检验的确认单。

6.1.4 消能部件子分部工程项目的施工，宜根据相关规程规定，结合主体结构的材料、体系、消能部件及施工条件，编制专项施工方案，确定施工技术。

6.1.5 消能部件平面与标高的测量定位、施工测量放样和安装测量定位应符合国家现行标准《工程测量规范》GB 50026 和《建筑变形测量规程》JGJ 8 的要求。

6.1.6 消能部件安装接头节点的焊接、螺栓连接，应符合设计文件和国家现行标准《钢结构焊接规范》GB 50661 及《钢结构高强螺栓连接技术规程》JGJ 82 的规定。

6.1.7 消能部件采用铰接连接时，消能部件与消栓或球铰等铰接件之间的间隙应符合设计文件要求，当设计文件无要求时，间隙不应大于 0.3 mm。

6.1.8 消能部件安装连接完成后，应符合下列规定：

（1）消能器没有形状异常及损害功能的外伤。

（2）消能器部件的临时固定件应予拆除。

6.2 质量控制

6.2.1 把好原材料质量关，材料进场时进行签收验货，详细核对其品种、数量、规格、质量要求，做到不合格的产品不进场。

6.2.2 把好施工质量关，在工程施工过程中严格按规定、规范施工，认真做好各道工序的检查、验收关，对各工种的交接工作严格把关，做到环环扣紧，确保工程质量。

6.2.3 加强技术资料的管理工作，设立专职技术资料员，按照"准确、真实、及时、完整"要求进行整理并归档，使技术资料能正确反映工程的实际质量。

6.3 质量验收标准

6.3.1 消能器部件子分部工程检验项目可按照表 2.6.1 的规定执行。

表 2.6.1　消能部件子分部工程检验项目

项次	项目	抽检数量及检验方法	合格质量标准
1	见证取样送样检测项目： （1）消能部件钢材复验； （2）高强度螺栓预拉力和扭矩系数复验； （3）摩擦面抗滑移系数复验	《钢结构工程施工质量验收规范》GB 5025 的规定	《钢结构工程施工质量验收规范》GB 5025 的规定
2	焊缝质量： （1）焊缝尺寸； （2）内部缺陷； （3）外观缺陷	一级焊缝抽检 100%，二级焊缝按位置随机抽检 20%；检验采用超声波或射线探伤、量规及观察	《钢结构工程施工质量验收规范》GB 5025 的规定
3	高强度螺栓施工质量： （1）终拧扭矩； （2）梅花头检查	按节点数随机抽检 3%，且不小于 3 个节点；检验方法应符合《钢结构工程施工质量验收规范》GB 5025 的规定	《钢结构工程施工质量验收规范》GB 5025 的规定
4	消能部件平面外垂直度	随机抽查 3 个部位的消能部件	符合设计文件及《钢结构工程施工质量验收规范》GB 5025 的规定

6.3.2　消能部件子分部工程观感质量检查项目可按照表 2.6.2 的规定执行。

表 2.6.2　消能部件子分部工程观感质量检查项目

项次	项目	抽检方法、数量	合格质量标准
1	消能部件的普通涂层表面	随机抽查3个部位的消能部件	均匀、无气泡、无皱纹
2	连接节点	随机抽查30%	连接牢固，无明显外观缺陷
3	消能器工作范围内的障碍物	随机抽查100%	在工作范围内无障碍物

6.3.3　消能部件子分部工程的质量验收标准如表 2.6.3 所示。

表 2.6.3　消能器子分部工程安装质量验收记录表

施工质量验收规范的规定（允许偏差）			施工单位检查评定记录	监理（建设）单位验收记录
主控项目	1	阻尼器与预埋件的连接方式		
	2	机械连接的力学性能		
	3	阻尼器的品种、级别、规格和数量		

施工质量验收规范的规定（允许偏差）				施工单位检查评定记录							监理（建设）单位验收记录
一般项目	1	构件锚固长度		大于20倍锚筋直径，且不小于250 mm							
	2	构件连接件间距		不大于0.3 mm							
	3	构件裂纹		不允许							
	4	构件气泡、杂质		≤30 mm²							
	5	水平、垂直内偏角		≤1度							
	6	构件允许偏差	预埋钢板	中心线位置	±5 mm						
				平面高差	0，−5 mm						
			预埋螺栓	中心线位置偏移	2 mm						
				外露长度	+10，−5 mm						
			规格尺寸	宽度、高度	±5 mm						
				长度 <12 m	±5 mm						
				长度 ≥12 m 且 <18 m	±10 mm						
				长度 ≥18 m	±20 mm						
			表面平整度		+4 mm						
			预留孔洞	中心线位置偏移	+5 mm						
				孔洞尺寸、深度	±5 mm						
			预留插筋	中心线位置偏移	+3 mm						
				外露长度	±5 mm						
			吊环	中心线位置偏移	+10 mm						
				留出高度	0，−10 mm						
			灌浆套筒及连接钢筋	套筒、钢筋中心线位置偏移	+2 mm						
				连接钢筋外露长度	+10，0 mm						

施工质量验收规范的规定（允许偏差）				施工单位检查评定记录								监理（建设）单位验收记录
一般项目	7	安装允许偏差	构件中心线对轴线位置	+5 mm								
			构件标高	±5 mm								
			构件垂直度	≤6 m	+5 mm							
				>6 m	+10 mm							
			构件倾斜度	+5 mm								
			支座中心位置	+10 mm								

专业承包施工单位检查评定结果	专业工长（施工员）（签名）		施工班组长（签名）	
	项目专业质量检查员（签名）：			年　月　日

监理（建设）单位验收结论	专业监理工程师（签名）：（建设单位项目专业技术负责人签名）：	年　月　日

第三篇

安全与环境保护控制要点

1 隔震施工安全控制要点

1.1 隔震建筑应设置标识，标识应能描述该建筑特殊性，并能提醒有关人员对隔震支座及隔震构造进行维护，确保在地震时不影响其隔震功能的发挥。

1.2 隔震建筑的标识应醒目、简单明了，宜设置在地震时会发生相对位移且有人员活动的位置。

1.3 隔震建筑管理人员应编写维护管理计划书。

1.4 制造厂应在产品说明书中明确隔震支座的特点及使用过程中的维护规定。

隔震建筑的检查包括定期检查和应急检查两类。定期检查由专门技术人员进行检查，宜在竣工后第 1 年、3 年、5 年、10 年和 10 年以后每 10 年检查一次。当发生地震、火灾、水灾等异常情况时，应立即进行应急检查。检查项目见表3.1.1。

表 3.1.1 检查项目

位置		检查项目		检查方法	管理目标
隔震层、建筑物外围	建筑物	周边环境	确保净空间距	目测、确认	移动范围内无障碍物
	隔震构件管线	周边状况	障碍物	目测、确认	移动范围内无障碍物
			可燃物	目测、确认	无可燃物
			排水条件	目测、确认	排水状况良好
			液体泄漏	目测	无异常
隔震构件	隔震支座	橡胶保护层外观	变色	目测	无异常、无异物
			损伤	目测	无损伤
		钢材部位状况	锈蚀	目测	无浮锈、无锈迹
			安装部位	目测	螺栓、铆钉无松动
设备管线机柔性连接	设备管线	柔性连接	液体渗漏增加、更换	确认	不增加、更换
	电气线路	变形吸收部位	增加、更换	确认	不增加、更换

1.5 施工安全控制

1.5.1 施工人员必须严格遵守安全生产纪律，正确穿戴和使用劳动防护用品。

1.5.2 对使用到的机械设施设备、工器具等必须认真检查。发现问题和隐患，立即停止施工并落实整改，确认安全后方准施工。

1.5.3 支座安装时，应避免交叉作业。

1.5.4 特殊工种的操作人员必须按规定经有关部门培训，考核合格后方可上岗。

1.5.5 施工现场必须严格执行动火审批制度，并应配备有一定数量灭火器。落实防火、防中毒措施，并指派专人值班检查。

1.5.6 预埋钢板焊接时应设置隔离板，防止火花烧伤橡胶支座。

1.5.7 施工作业时应搭设稳定可靠的操作平台。

1.5.8 隔震支座吊运时，应由专人指挥，吊点位置、数量应经计算确定。

1.6 隔震建筑施工前应严格进行三级安全技术交底，施工作业人员必须明确施工任务及操作规程。特种作业人员需持证上岗。针对本施工的安全隐患及应对措施见表 3.1.2。

表 3.1.2 安全隐患及应对措施

序号	安全隐患	应对措施
1	触电事故	所有用电设备必须采用漏电保护装置
2	火灾事故	严格执行动火审批制度
3	高处坠落	高处作业必须系挂安全带；临边洞口必须进行围挡
4	物体打击	必须正确佩戴安全帽
5	脚手架坍塌	脚手架搭设严格按照方案执行、验收合格方可使用
6	起重伤害	塔吊及汽车吊必须验收合格，且必须由取得资格证的专职司机及信号指挥工操作

2 减震施工安全控制要点

2.1 消能部件的施工应符合国家现行标准《建筑施工高处作业安全技术规程》JGJ 80 和《建筑机械使用安全技术规程》JGJ 33 的有关规定，并根据消能部件的施工安装特点，在施工组织中制定施工安全防护措施。

2.2 消能部件的检查根据检查时间或时机可分为定期检查和应急检查，根据检查方法可分为目测检查和抽样检验。

2.3 消能部件应根据消能器的类型、使用期间的具体情况、消能器设计使用年限和设计文件要求等进行定期检查。防屈曲支撑在正常使用情况下可不进行定期检查。消能部件在遭遇地震、强风、火灾等灾害后应进行抽样检验。

2.4 消能器目测检查时，应检查消能器、连接部位变形和外观及其他问题等，目测检查内容及维护处理方法应符合表 3.2.1 的规定。

表 3.2.1　支撑目测内容及维护处理方法

序号	目测检查内容	维护方法
1	消能器产生明显的累计损伤和变形	更换消能器
2	消能器连接部位的螺栓出现松动，或焊缝有损伤	紧固、补焊
3	焊缝有裂纹，螺栓、锚栓的螺母松动或出现间隙，连接件出现错动移位、松动等	紧固、补焊
4	消能器和连接部位被涂装的金属表面、焊缝或紧固件表面上，出现金属外露、锈蚀或损伤，防腐或防火涂装层出现裂纹、起皮、剥落、老化等	重新涂装
5	消能器产生弯曲、扭曲、局部变形	更换消能器
6	消能器周围存在可能限制消能器正常工作的障碍物	清除障碍物

2.5 采取定期培训，合格后持证上岗等措施，保证作业人员（起重作业人员、吊车司机）的安全素质达到要求。

2.6 严格机械管理制度，加强日常的检查、维护和保养工作，保证吊装机械安全可靠运行。

2.7 起吊前对索具及吊点进行严格检查，保证吊装索具及吊点的安全可靠。

2.8 施工机具在使用前应进行严格检查，符合规定后方可使用；清根、切割注意带好防护用品，防止砂轮块损坏，飞溅伤人，气割烫伤人。

2.9 现场临时用电应符合《施工现场临时用电安全技术规范》标准规定的要求，现场用电应由专业电工负责搭接，必须保证用电安全，所有电箱须有漏电保护装置，防止漏电伤人，做到人走电断。严禁私拉乱接，施工用电必须有专业人员操作，严禁非专业人员动电，以防触电伤人。

2.10 制定详细的防屈曲支撑搬运方案，1 吨以上、5 吨以下（含 5 吨）的构件水平运输线路，均应在楼层面上铺设钢板；5 吨以上的构件水平运输，则应在楼面上铺设型钢导轨或走管。

2.11 运输构件组装时由专业起重工统一指挥，注意安全距离，禁止处在死角位置；防屈曲支撑吊起后，严禁操作人员在起吊物体下作业，并做好防屈曲支撑的牵引和引导工作，防止撞击设备及人员。

2.12 钢丝绳必须在安全系数范围内使用，不能超载、超重吊装，吊装下方禁止站人，起重机具及工具应按规定检查、维修、保养。钢丝绳受剪切力起吊时，应采取保护措施。起吊时防止加速过快，起吊应平稳，禁止斜吊硬拉。

3　环境保护控制要点

3.1 严格遵守我国有关环境保护的法律、法规，加强对施工现场噪声、扬尘、光污染、废物、废气、废水、生产生活垃圾等污染源的回收再利用和排放管理。

3.2 施工现场内成品、半成品、材料等应合理布置、围挡和覆盖，保证现场整洁文明。

3.3 在施工现场设置噪声及扬尘监测设备，实时进行监测，噪声及扬尘一旦达到预警限值，及时采取有效措施使噪声及扬尘浓度降低到规定值以下。

3.4 建立严格的领料及退料制度，保证材料的有效利用，防止材料浪费及随意丢弃，杜绝因管理不严对环境造成污染的现象发生。

3.5 对施工场地道路进行硬化，视情况对施工通行道路进行洒水，防止尘土飞扬，污染环境。

3.6 现场噪声排放不得超过国家标准《建筑施工场界噪声限值》的规定。在施工场界对噪声进行实时监测与控制，监测方法执行国家标准《建筑施工场界噪声测量方法》。使用低噪声、低振动的机具，现场拆卸装运物品必须注意轻拿轻放，采取隔音与隔振措施，避免或减少施工噪声和振动。

3.7 尽量避免或减少预埋件施工过程中的光污染。夜间室外照明灯加设灯罩，透光方向集中在施工范围。

3.8 有焊接作业时采取遮挡措施，避免电焊弧光外泄。

3.9 施工时应选择功率与负载相匹配的施工机械设备，避免大功率机械施工设备低负载长时间运行，同时应做好机械维修保养工作，使机械设备保持低耗、高效的状态。

　　3.10　减隔震装置的包装纸等杂物要随时清理，堆放在指定地点，确保场容清洁，活完场清。合理布置施工现场，做到文明施工。

　　3.11　现场减隔震装置安装施工剩余的边角料等，及时分拣到一起，防止污染环境和堆放杂乱而造成人员的碰伤。

　　3.12　污染源及处理措施。

　　针对本施工的污染源及处理方式见表3.3.1。

表 3.3.1　污染源及处理措施

序号	污染源	处理措施
1	废水	经沉淀处理循环利用
2	废气	经处理合格排放
3	废渣	经处理合格按要求排放、掩埋
4	材料包装	回收利用
5	光污染	安设灯罩、尽量避免夜间施工
6	噪声污染	严格控制噪声源、尽量避免夜间施工
7	扬尘污染	路面硬化、定期打扫、洒水
8	生活垃圾	经处理合格按要求排放处理